U0240899

出发，去滑雪

综合应用　数与代数

贺　洁　薛　晨◎著　哐当哐当工作室◎绘

北京科学技术出版社

火车站
大家都到火车站了，除了捣蛋鼠！因为捣蛋鼠还在家里睡觉。

昨天晚上，捣蛋鼠想着第二天去滑雪的事，兴奋得怎么也睡不着。现在，闹钟响了一遍又一遍，也没能把他叫醒。

大家约定8:50在火车站大厅集合。此刻，还不见捣蛋鼠的身影，伙伴们又气又急。
滑雪专列
中心火车站 ➔ 香蕉滑雪场
9:30 开
限乘当日当次车

苹果乐
地铁站
8:50
幸好，捣蛋鼠家附近就是苹果乐园地铁站。

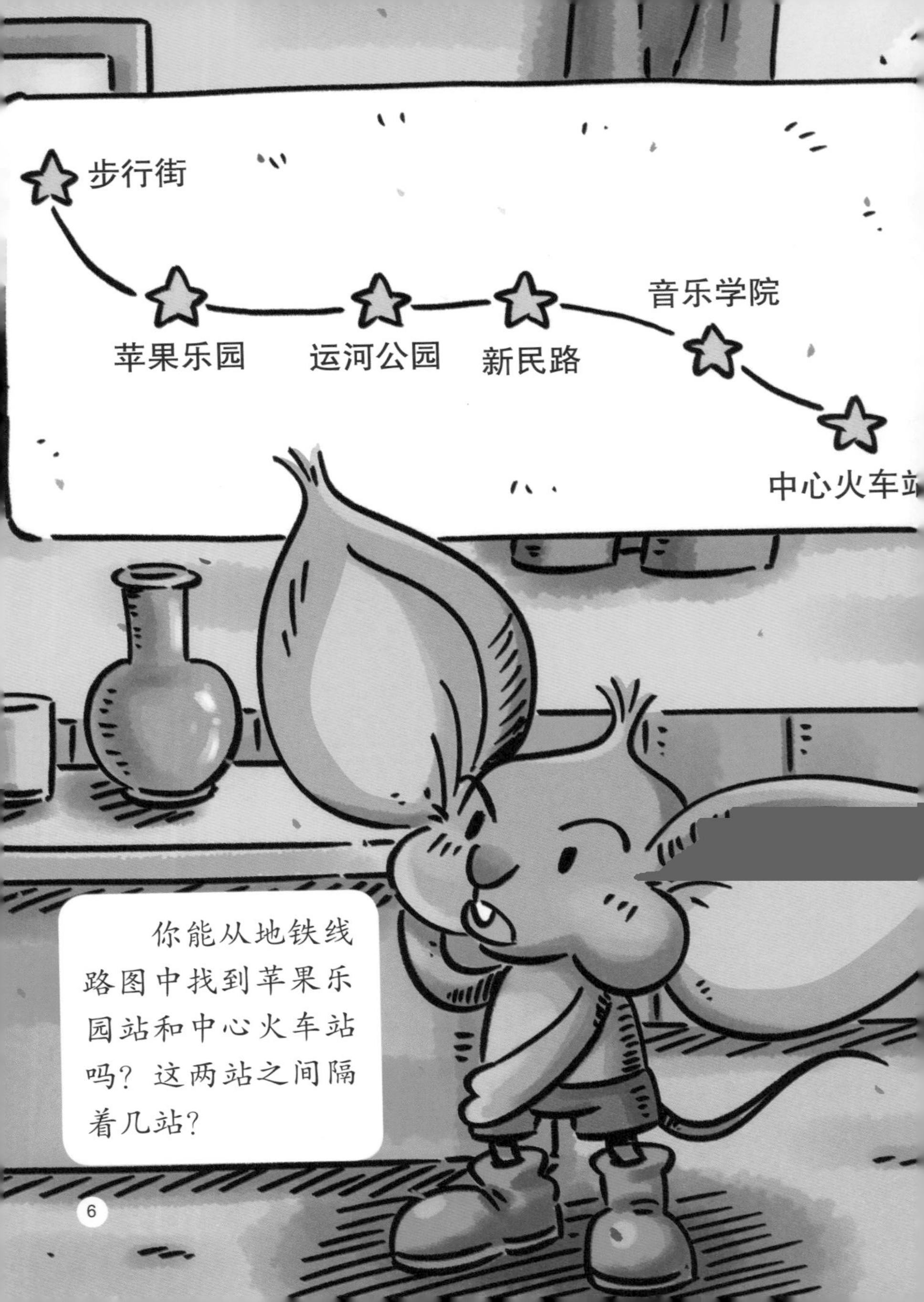
步行街
苹果乐园
运河公园
新民路
音乐学院
中心火车
你能从地铁线路图中找到苹果乐园站和中心火车站吗？这两站之间隔着几站？

9点，捣蛋鼠进了地铁站。2分钟后，他坐上了地铁。
捣蛋鼠紧张地计算着时间。
运河公园
3分钟
苹果乐园
3分钟
新民路
5分钟
各站点之间
列车行驶时长
4分钟
音乐学院
中心火车

候车室
9点20分，捣蛋鼠冲进火车站。
9:20

列车发车前 5 分钟停止检票。

再晚 1 分钟，捣蛋鼠今天就不能去滑雪了。

香蕉滑雪场专列
6
去往滑雪场的列车每日只有这一辆。捣蛋鼠暗暗发誓再也不要迟到了。

“要不要
挑战中级道呢？”
“哎呀！忘记带
滑雪杖了！”
火车上，大家迫
不及待地拿出自己的
滑雪装备。

两站之间的距离
150 千米
起点
（中心火车站）
300 千米
月亮河站
终点
（香蕉滑雪场）
列车每小时行驶 300 千米
300 千米 / 时
“显示屏上写着这趟车每小时能行驶 300 千米呢！到滑雪场要用多长时间呢？”捣蛋鼠琢磨着。

两站之间的距离
终点
月亮河站
点
450 千米
现在列车已经行驶了 1 小时 15 分钟，经过月亮河站了吗？

“亲爱的旅客朋友，列车即将到达终点站——香蕉滑雪场。请您做好下车准备。”
“列车行驶速度是每小时300千米，现在只剩下很短的距离了，一眨眼就会到吧！”捣蛋鼠开心地说。

“一眨眼可到不了。列车在刚发车时和快到站时，有加速和减速的过程。你感觉一下，列车的速度是不是在变慢？”倒霉鼠大笑着说。

“去滑雪啦！”一下车，勇气鼠就奔向滑雪场。
“别直接买票！”捣蛋鼠赶紧拉住他。

香蕉滑雪场
游客手册
??
原来，捣蛋鼠刚才在车上读了《游客手册》，发现如果先在滑雪场宾馆办理入住手续，就可以享受香蕉滑雪场各种项目的会员价啦！

	会员价	非会员价
全日票	500 元	600 元
半日票	300 元	320 元

购票须知

1. 凭学生证可购买学生票（9 折）。
2. 三人（含）以上可购买团体票（8 折）。
3. 以上两种优惠方式不可同时使用。

鼠宝贝们办完宾馆的入住手续后，看着墙上的价目表讨论了起来。

□ 全日票 ☑ 半日票
□ 学生票 □ 团体票
现在已经快中午了，鼠宝贝们决定只买半日票。但是，买学生票还是买团体票呢？

□ 全日票
☑ 半日票
☑ 团体票（8折）
□ 学生票（9折）
☑ 会员价
□ 非会员价
最终购买的门票价格
“省下的钱可以用来租滑雪杖了！”
选团体票更划算！

中午，鼠宝贝们在滑雪场的餐厅碰到了苍蝇三兄弟。

全日票
半日票
游客手册
会员价
嗡嗡！
嗡嗡！嗡嗡！
团体票
学生票
嗡嗡！
嗡嗡！
嗡嗡！
苍蝇三兄弟买的是全日票，没有用会员价，还忘了用学生票或团体票的优惠，正后悔地嗡嗡叫。

吃完饭，鼠宝贝们要出发去滑雪场了。滑雪场离餐厅 4.5 千米，他们想骑车过去。

小红车

每半小时收费 1 元。
不足半小时按半小时计。

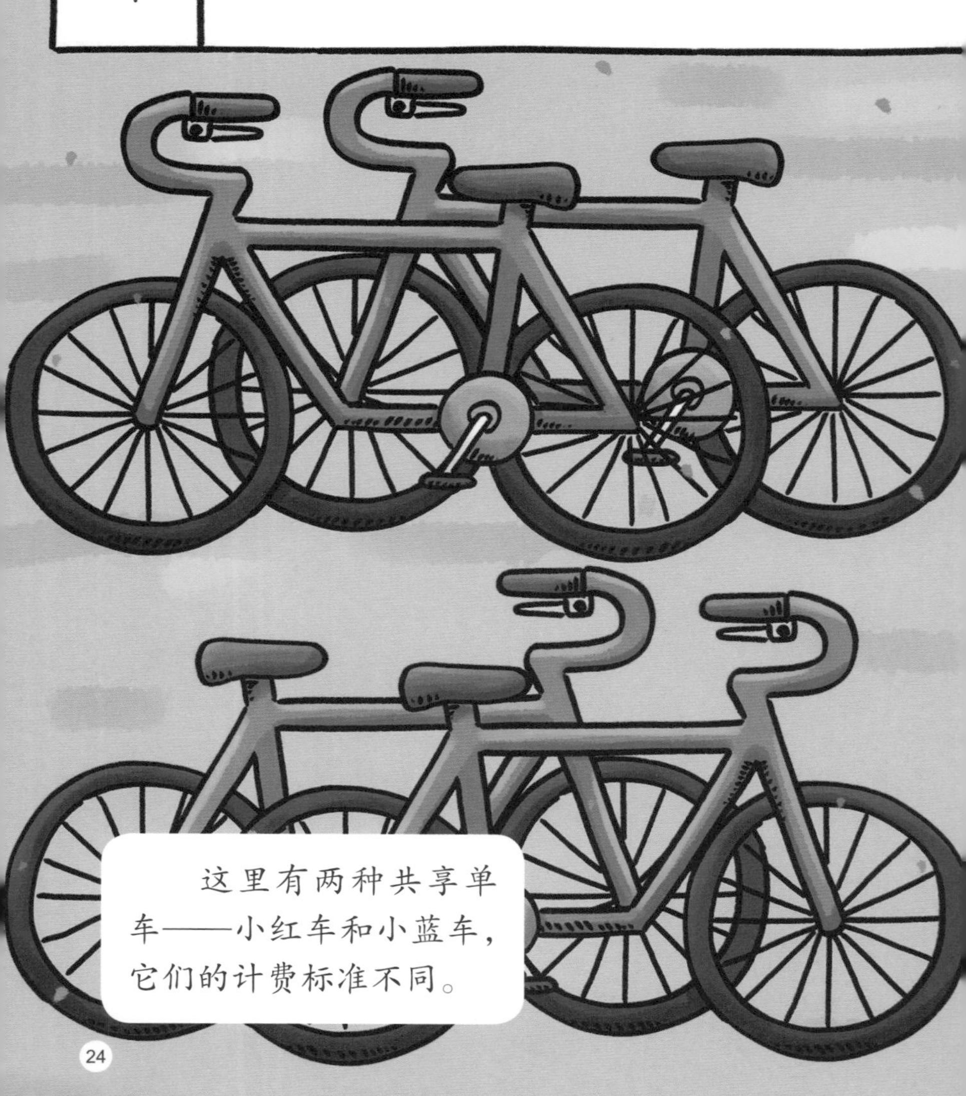

小蓝车	骑行 5 千米以内收费 1 元。 骑行 5~15 千米收费 2 元。 骑行 15 千米以上收费 5 元。

捣蛋鼠选了小红车，其他鼠宝贝选的是小蓝车。

4.5 千米
1元

香蕉滑雪场
2元
他们到达滑雪场时，勇气鼠、倒霉鼠和美丽鼠都只花了 1 元钱，捣蛋鼠却花了 2 元钱。因为他中途去堆雪人了，骑车时间是 40 分钟。

图书在版编目（CIP）数据

出发，去滑雪 / 贺洁，薛晨著；哐当哐当工作室绘．—北京：北京科学技术出版社，2021.8（2021.12 重印）

（数学的萌芽）

ISBN 978-7-5714-1538-9

Ⅰ. ①出…　Ⅱ. ①贺…　②薛…　③哐…　Ⅲ. ①数学－儿童读物　Ⅳ. ① O1-49

中国版本图书馆 CIP 数据核字（2021）第 082991 号

策划编辑：阎泽群　代　冉　李丽娟
责任编辑：张　艳
封面设计：沈学成
图文制作：天露霖文化
责任印制：李　茗
出 版 人：曾庆宇
出版发行：北京科学技术出版社
社　　址：北京西直门南大街16号
邮政编码：100035
电　　话：0086-10-66135495（总编室）　0086-10-66113227（发行部）
网　　址：www.bkydw.cn
印　　刷：北京利丰雅高长城印刷有限公司
开　　本：889 mm × 1194 mm　1/32
字　　数：13千字
印　　张：1
版　　次：2021年8月第1版
印　　次：2021年12月第3次印刷
ISBN 978-7-5714-1538-9

定　　价：339.00元（全30册）

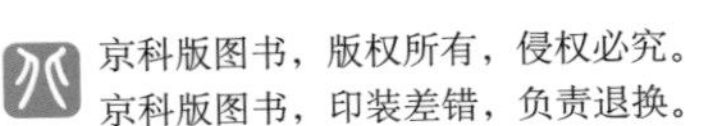